你好，大自然

[西] 亚历杭德罗·阿尔加拉 著　　[西] 罗西奥·博尼利亚 绘　　詹 玲 译

太阳、地球与四季

科学普及出版社
·北 京·

艾琳和弟弟布鲁诺想知道：为什么春日里骤雨刚停，太阳马上就露脸了？为什么夏天特别炎热，而冬天特别寒冷？秋天的落叶与天气有关吗？

太阳和天气

是什么让一年四季的天气不一样？主要是太阳，这个位于太阳系中央、永不熄灭的超大火球。数百万年来，太阳普照大地，把光和热馈赠给我们。有了太阳，云和雨，冰和雪，风，以及其他许多与天气相关的自然现象才可

能存在……太阳加热地面、湖泊、河流和海洋里的水，小水滴从里面跑出来，升到天空。在空中，小水滴冷却，聚集成团，形成云朵。当云里的小水滴过多，天空就会下雨。如果天气很冷的话，雨就会变成雪。这一过程被我们称为水循环。

地球自转

地球是一个巨大的球体，像芭蕾舞演员一样绕着自己旋转。此外，地球绕太阳公转，每 365 天（一年）转一圈，周而复始。地球的自转和公转形成了昼夜交替的现象，也形成了春、夏、秋、冬四个季节。

白天和黑夜，光明与黑暗

地球自转一圈需要24小时，也就是一天。我们有白天和黑夜，当我

……们居住的地方面对太阳时，就是白天；背对太阳时，就是夜晚。白天，太阳给我们带来热量，气温就会升高。到了晚上，四周一片黑暗，太阳的热量消退，气温就会降低。

为什么会有季节变化？

　　有一条假想的线像腰带一样缠绕着地球这个巨大的球体，这条线叫赤道，它把地球分成了北半球和南半球两部分。

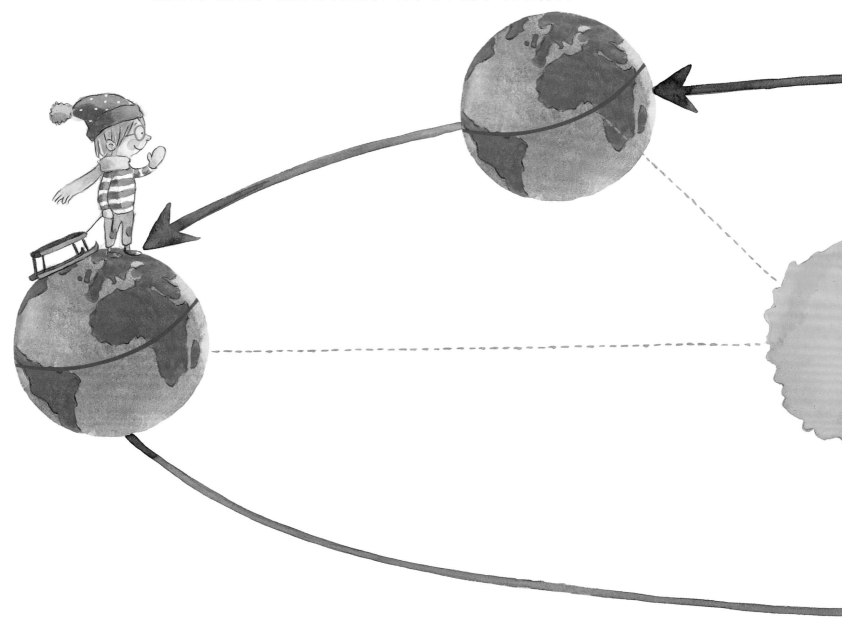

由于地球绕太阳公转，且有倾斜角度，所以在一年中的同一时间段内，南半球和北半球接收到的光照与热量是不同的。因此，在某段时间北半球大多数地方很冷，而南半球大多数地方却很热；在另一段时间，则正好相反。

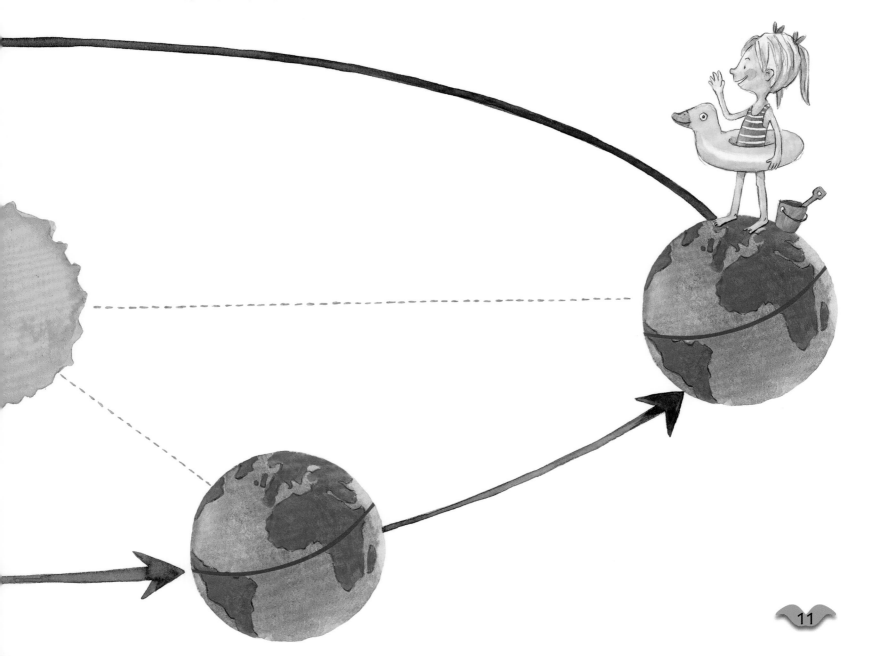

春天，狂野的季节

　　春意渐浓，日照时间越来越长，天气也越来越热。春天是个狂野的季节，有的日子风特别大，而有的日子会下雨甚至下冰雹；有时，清晨寒气袭人，但一会儿就会天气变暖、阳光灿烂。冬天的积雪融化成水，雪水沿着山谷下泻，涌入小溪和河流。

生命在春天绽放

　　春天，许多植物萌生新叶，还绽放美丽的花朵。果树枝头繁花烂漫，再过几个月就会结出美味的果实。昆虫大多开始活动，鸟类和哺乳动物也进入繁殖季节，这样它们的后代就能在适宜的气候条件下长大。

夏天

　　春天快要结束的时候，夏天就要来了。到了夏天，白天很长，夜晚很短。太阳照耀我们的时间更久，白天和晚上都非常热。植物开始结出果实，供人类和其他动物食用。此外，海水也更暖和，到了游泳的好时候。然而在夏天，一些炎热的地方可能会遭受干旱。

狂风暴雨在夏季很常见

夏天，暴风雨很常见，它来得突然，而且持续时间短：天空变暗，云层中电闪雷鸣，大雨倾盆而下。暴雨过后，天边会出现绚丽的彩虹。阳光重新照耀大地，大自然的色彩比以往任何时候都明亮。

夏天要注意防晒

夏天意味着假期、阳光和海滩。不过，当心被晒伤！不管何时出门，好好保护皮肤都非常重要。

夏日里我们一般会穿短袖上衣，穿短裙或短裤。要是你去山里或海边玩，请务必涂好防晒霜。在一天中最热的时候最好待在阴凉处。

秋天

　　进入9月和10月，北半球的天气会发生变化：白天越来越短，夏日的炎炎热风停了，天气渐渐凉爽起来。太阳升得迟、落得早，在天空中的位置变低，阳光的照射强度也变弱。与此同时，海水和湖水越来越凉。

候鸟迁徙与作物丰收

　　许多鸟儿在秋季一起飞向南方，并留在那一带过冬。在空中飞翔的鸟群浩浩荡荡，经常排成"人"字形划过地平线。我们熟知的燕子就是一种季节性很强的候鸟。

　　在秋天这个丰收的季节，人们不仅收获玉米、水稻等谷物，还收获南瓜、栗子等其他作物。与此同时，森林里会冒出许许多多野生的蘑菇。

秋天是焦糖色的

　　在秋季，大自然为抵御寒冷的冬天做准备。许多树叶先是变成焦糖色的，然后凋零，树枝光秃秃的，什么也没有，这是树木保护自己免遭寒冬侵袭的方式。虫儿也为天气变冷做好了准备，它们在夏日把食物储存在地下，以便度过食物匮乏的寒冷冬季，有些昆虫以卵、蛹或幼虫的形态度过漫漫冬日，并在天气转暖时变成成虫。

冬天来了！

　　整个12月，白天的时间都很短暂。北风呼啸，空气冰冷刺骨。在一些地方，暴风带来了降雪，池塘、湖泊和小溪全冻住了。田野和群山盖着白色的毯子。清晨，地面和植被上覆着冰晶，这些冰晶就是霜。哦，太冷了！！！艾琳告诉布鲁诺，要是住在南半球的话，他们现在会感觉很热。

做好越冬的准备

　　过冬可不轻松，因为动物很难找到食物。许多动物，比如青蛙、蛇和棕熊，在夏秋两季都会吃很多食物，然后在冬天沉睡，这种行为叫作冬眠。松鼠虽然不冬眠，但也总待在温暖的树洞里。

春天的脚步近了

　　冬日辞别，天气开始回暖。虽然艾琳和布鲁诺还是感觉很冷，但白天越来越长了。

　　"看，你看到树上的嫩芽了吗？"艾琳问，"当你意识到冬天结束的时候，冬天其实已经走远了。这不是很神奇吗？"布鲁诺想了一会儿，一边搓着手，一边看着一只小蚂蚁，这小家伙似乎是出来迎接他的，并让他相信冬天最难熬的日子已经结束了。

亲子指南

在北半球，我们习惯了四季分明的气候。然而，你知道南半球的季节与北半球截然相反吗？当北半球开始入夏时，南半球的冬季正拉开帷幕。与之相反，南半球的夏天对应我们北半球最冷的季节。南北半球的秋天和春天，也正好相反。

有些地方的季节性并不十分明显。赤道附近的一些地方始终很热，只有旱季和雨季。还有些地方，比如沙漠，几乎从不下雨。我们的季节是：

春天

严冬过后，动植物重新活跃起来。冬天落叶的树（称为落叶树）萌发新芽，并长出新叶和花朵。许多灌木和野草也开花了。冬眠的动物从睡梦中醒来，昆虫从卵中孵出或从蛹里钻了出来。候鸟返回它们夏季生活的家园，常常就是它们前一年离开的那个巢。

天气变幻莫测，经过气温相对稳定的一段冬日，白昼渐长，同一天里可能既下雨又出太阳，还刮大风。由于太阳每天直射北半球的时间越来越长，所以天气越来越热。在乡间，潺潺流水随处可见——寒冷季节积聚在山中的冰雪开始融化成水，冲下山坡，润泽大地，形成了山谷中的清泉和溪流。

夏天

因为地球绕太阳运行的轨道不是圆形的，而是椭圆形的，在北半球的夏季，地球离太阳最远。这段时间，北半球昼长夜短，每天都很热，有时甚至令人窒息。大自然处处生机盎然。哺乳动物和鸟类养育春天时降生的幼兽或雏鸟，把生存技能传授给它们，教它们进食、捕食、躲藏或逃跑，鸟类教雏鸟如何飞行，如何为过冬进行必要的准备。昆虫在花丛中飞舞、进食并繁殖，完成它们的生命周期。在植物世界中，春天的许多花朵都已变成果实，在阳光下成熟，准备就绪，以便让种子经由风或动物进行传播。

整个夏天的天气都很平稳，每天的酷热时段比较统一。有些地方可能会遭受干旱，尤其是在冬春季节较为干燥的地方。夏天下雨时，雨势的确非常大。典型的夏季风暴伴随着大量高耸的积雨云，短短几分钟内滂沱大雨倾盆而下。之后，天空很快放晴，连一丝暴风雨的痕迹都没有留下。

秋天

秋天和春天不同，白昼随着日子的推移越来越短，夜晚也逐渐变得更加漫长、寒冷。天气可能变化很大，从初秋的温暖到深秋将尽时的清冷。在自然界，植物和动物都开始拼命为寒冬的到来做准备。草本植物销声匿迹了——它们遗留种子或鳞茎在地下过冬。落叶乔木和灌木的生长慢下来。叶子从绿变黄，然后又变成焦糖色，最后枯萎，并从枝头坠落。动物也为抵御恶劣天气做好了准备。

有些动物迁徙到更温暖的地方过冬，鸟类是其中最好的例子，它们会飞往温暖的低纬度地区。其他动物整天狼吞虎咽地不停进食，这样可以为越冬储备足够的能量。许多动物挖好地洞或隧道，或以洞窟或坑穴为庇护所，在此蛰伏过冬。这个过程叫冬眠，许多哺乳动物、爬行动物和两栖动物都会以这样的方式过冬。有些昆虫的成虫会在夏季结束时死亡，

它们的后代会以蛹或耐寒的卵的形式过冬。

秋天的天气也会相当恶劣，有季节性降雨，有时可能会很大。秋风萧瑟，洪波涌起，海水冰冷刺骨。

冬天

冬天是一年当中最冷的季节。在这一期间，日照时间更加短暂，太阳光斜射北半球的角度小，每天照射时间只有几个小时，气温急速下降，黎明和夜间尤其寒气逼人。温度接近零摄氏度甚至更低是相当常见的。因此，雪代替了雨，霜代替了露。池塘、溪流和其他面积不大的水体经常结冰，在更北的一些地方，湖面结冰，不过冰层下面的鱼和植物仍在水中生活。很多动物的生命并没有在这个季节消亡，它们处于休眠状态，棕熊、睡鼠和土拨鼠等哺乳动物深度沉睡到第二年的春天。而此时保持活跃的动物，如雪兔和岩雷鸟，会适应冬季无处不在的白色，并用白色伪装自己。北极狐也会"打扮"成一身白，不让猎物看到它们的身影。冬日里依然青翠的植物主要是那些能抵御严寒、叶子也不凋零的种类，如针叶类植物，针形的叶子、塔形的树冠使这类植物能够承受暴雪的袭击。

Original title of the book in Spanish: *Cambia El Tiempo, Cambian Las Estaciones*
© Copyright GEMSER PUBLICATIONS S.L. , 2016
C/ Castell, 38; Tei à (08329) Barcelona, Spain (World Rights)
E–mail: merce@mercedesros.com
Website: www.gemserpublications.com
Tel: 93 540 13 53
Author: Alejandro Algarra
Illustrations: Rocio Bonilla
Simplified Chinese rights arranged through CA–LINK International LLC(www.ca–link.cn)
The Simplified Chinese edition will be published by China Science and Technology Press Co., Ltd.
本书中文简体版权归属于中国科学技术出版社有限公司

图书在版编目（CIP）数据

你好，大自然 . 太阳、地球与四季 /（西）亚历杭德罗·阿尔加拉著；（西）罗西奥·博尼利亚绘；詹玲译 . -- 北京：科学普及出版社，2023.5
ISBN 978-7-110-10578-8

Ⅰ . ①你… Ⅱ . ①亚… ②罗… ③詹… Ⅲ . ①自然科学—儿童读物 Ⅳ . ① N49

中国国家版本馆 CIP 数据核字（2023）第 058404 号

北京市版权局著作权合同登记　图字：01-2022-6730

策划编辑：李世梅　　　　　　　　　　　封面设计：唐志永
责任编辑：孙　莉　　　　　　　　　　　责任校对：焦　宁
版式设计：蚂蚁设计　　　　　　　　　　责任印制：马宇晨

出版：科学普及出版社　　　　　　　　　　　邮编：100081
发行：中国科学技术出版社有限公司发行部　发行电话：010-62173865
地址：北京市海淀区中关村南大街 16 号　　传真：010-62173081
网址：http://www.cspbooks.com.cn

开本：787mm×1092mm　1/12
印张：14⅔　　　　　　　　　　　　　　　字数：120 千字
版次：2023 年 5 月第 1 版　　　　　　　印次：2023 年 5 月第 1 次印刷
印刷：北京顶佳世纪印刷有限公司

书号：ISBN 978-7-110-10578-8 / N·260　　定价：168.00 元（全四册）